Ferdinand Bekendorf

# KARRIERE, ICH KOMME ...

Durchstarten im Network Marketing mit Partyvertrieb

SVENSCHE
VERLAG

# Über das Buch

Network Marketing mit Partyvertrieb: die lukrativste Selbstständigkeit, die finanzielle Unabhängigkeit verspricht.

Ist das wirklich so?

Gibt es vielleicht Dinge, die Sie beachten sollten? Was wird Ihre Tätigkeit sein?

Was kostet Sie diese Art der Selbstständigkeit?

Fragen über Fragen, die Sie sich nicht nur stellen, sondern für die Sie auch eine Antwort kennen sollten.

Ich unterstütze Sie dabei. Mit gezielten Themen und Fragen werden Sie schnell herausfinden, welches Unternehmen zu Ihnen und Ihrem Vorhaben passt. Am Ende werden Sie in der Lage sein, mit einem guten Bauchgefühl Ihre Entscheidung zu treffen.

*Nur wer sich wirklich mit seiner selbstständigen Tätigkeit beschäftigt, der wird Träume leben, anstatt vor Albträumen nicht mehr schlafen zu können.*

So lautet mein Motto. Deshalb zeige ich Ihnen auf simplen Wegen auf, wie diese Selbstständigkeit in all ihren Formen zu einem erfolgreichen Business wird.

Ein unverzichtbarer Ratgeber, wenn Sie damit liebäugeln, ins Network Marketing einzusteigen, und dabei keine bösen Überraschungen erleben wollen!

Ferdinand Bekendorf

# Karriere, ich komme ...

Durchstarten im Network Marketing mit Partyvertrieb

SVENSCHE
VERLAG

**Impressum**

Bibliografische Information der Deutschen Nationalbibliothek:
Die Deutsche Nationalbibliothek verzeichnet diese Publikation in der Deutschen Nationalbibliografie; detaillierte bibliografische Daten sind im Internet über http://dnb.dnb.de abrufbar.



Herstellung: BoD – Books on Demand, Norderstedt

Erhältlich in folgenden Ausgaben:

| | |
|---|---|
| Ringbuch: | 978-3-949932-01-4 |
| Printbuch: | 978-3-949932-14-4 |
| E-Book: | 978-3-949932-03-8 |

Über den Autor

Ferdinand Bekendorf ist Verkaufstrainer der besonderen Art.
Mit Charme, Witz und seiner offenen wie unverblümten Art begeistert er Menschen aus dem Network Marketing.
Er kennt sowohl die aktive als auch die passive Seite nur zu gut. Dies ermöglicht es ihm, aus der Praxis – und nicht wie viele andere aus der Theorie – über das Thema zu schreiben.
In seiner Ratgeber-Serie »Karriere, ich komme ...« präsentiert der sächsische Verkaufstrainer, was er sonst einem Publikum vorträgt.

# Inhaltsverzeichnis

# Party-Boom – Network Marketing

Werte Leserin und werter Leser,

Sie kennen sie alle: die ultimativen und legendären Partys – auch Homeshopping-Partys genannt.
Die Partys, zu denen Sie als Gastgeber*in all Ihre Freunde, Bekannten und Kollegen einladen, mit denen Sie zwei bis drei Stunden in geselliger Runde bei Snacks und Getränken zusammensitzen.
Die Partys, bei denen eine Beratung, ganz gleich ob weiblich oder männlich, zu Ihnen nach Hause kommt und all die vielen tollen Produkte eines Unternehmens präsentiert. Dabei ist die Produktpalette groß. Es gibt kaum noch etwas, was nicht über den Vertriebsweg »Partys« an die Endverbraucher gelangt.
Im Sturm erobern

- Töpfe
- Haushaltshelfer
- Schmuck
- Parfum
- Kosmetik
- Reinigungsmittel
- Bekleidung
- Kerzen
- Möbel & Accessoires
- Wein
- Schokolade & Pralinen
- Erotikartikel

den Platz in Ihrem Zuhause.
Jeder wird fündig – garantiert!
Des Weiteren erhalten Sie wertvolle Tipps und Tricks, erfahren Anwendungsmöglichkeiten und genießen eine ganz individuelle Beratung – eben einen Service der Extraklasse! Etwas, das Ihnen der Einzelhandel vor Ort nur in seltenen Fällen bietet. Das wissen auch die Network-Unternehmer, denen es am Herzen liegt, eine rundum gute Beratung zu bieten. Sie sind deshalb stets darum bemüht, alles für Sie zu tun, damit Sie deren Produkte lieben werden.

Was für ein Spitzenservice – eben ganz exklusiv!
Aus diesem Grunde können Sie die Produkte dieser Unternehmen auch nicht im Einzelhandel erstehen, wohl aber über den legendären Partyvertrieb. Wobei es nicht immer eine Party sein muss. In manchen Fällen können Sie die gewünschten Artikel über den Unternehmensshop erwerben. Gelegentlich ist es auch der direkte Draht zum Berater oder zur Beraterin Ihres Vertrauens, über die Sie sogar ohne Party an die Produkte gelangen. Letzteres ist vermutlich der einfachste und praktischste Weg, jedoch entgehen Ihnen dabei verschiedene Vorteile und Extras.
Damit sind zunächst einmal die legendären Party-Basics gemeint – bestimmt sind Sie schon mal in den Genuss gekommen. Allein dafür, dass Sie sich als Gastgeber*in einer solchen Spitzenparty zur Verfügung stellen, erhalten Sie ein sogenanntes Partygeschenk. Ein Produkt, das für gewöhnlich einen Wert zwischen 15 und 50 Euro hat. Wie gesagt: ein Geschenk – Sie zahlen dafür keinen Cent! Und je nachdem, wie hoch der Partyumsatz ausfällt, werden Sie noch mehr beschenkt. Weitere legendäre, nicht im Einzelhandel erhältliche Produkte im Wert zwischen 30 und 150 Euro können auf diese Weise Ihnen gehören. Im besten Falle sind es Produkte im Wert von bis zu sage und schreibe 250 Euro.
Wer sagt da schon Nein?
Eben drum! Das wissen Sie als Kundin beziehungsweise Kunde ebenso wie die – Ihre – zukünftigen Kunden. Und seien wir einmal ehrlich uns selbst gegenüber: Es ist schon eine Wohltat, wenn wir unseren Geldbeutel auch mal schonen können, nicht wahr?
Da kommt mir gerade in den Sinn, dass sich die Produkte, die man geschenkt bekommt, auch hervorragend zum Weiterverschenken eignen. Anlässe dafür gibt es genug und es reduziert einmal mehr die eigenen Ausgaben. Wer bekommt da nicht Lust, eine weitere Party auszurichten und sich noch einmal reich beschenken zu lassen?
Genau das ist es, was auch die Gäste einer solchen Party erkennen – und zack, schon haben diese ihre eigene Party vereinbart!
Heutzutage ist es nicht einmal mehr ungewöhnlich, Menschen aus aller Welt zu einer solchen Party einzuladen. Die Corona-Pandemie hat es möglich gemacht – zumindest vorübergehend –, sogenannte Chatpartys oder Videoübertragungspartys stattfinden zu lassen. Das wiederum

bedeutet, dass keiner der Eingeladenen mehr sagen kann: »Oh, das ist mir zu weit!« Mit nur wenigen Klicks kann jeder dabei sein! Und ist es nicht schön, wenn Menschen aus verschiedenen Bundesländern, vielleicht sogar aus mehreren Ländern, zusammenkommen, ohne dafür anreisen zu müssen? Das spart Geld und Ressourcen und macht zudem auch noch Spaß!
Apropos: Anwesende Gäste erhalten bei einigen Unternehmen eine kleine Aufmerksamkeit des Hauses, die einen Wert zwischen 5 und 15 Euro hat – geschenkt! Unglaublich, oder? Da muss man einfach dabei sein! Vor allem dann, wenn man schon vorher weiß, was es Schönes geben wird. So manches Lieblingsprodukt kann auf diese Weise zum Nulltarif ergattert werden.
Super, oder?

Wir sind jetzt an dem Punkt angelangt, an dem sich die Frage beantworten lässt, weshalb Sie meinen Titel in Ihren Händen halten: Machen Sie sich selbstständig!
Stellen Sie sich einmal vor, Sie seien die Beraterin oder der Berater und würden zu all den tollen und vor allem wertvollen Produkten (bei einigen Unternehmen dürfen Berater*innen selbst Gastgeber*in sein) auch noch

- bares Geld verdienen
- bis zu 80 % Rabatt auf Ihren Einkauf erhalten
- Sachprämien bekommen
- Reisen oder Wettbewerbe gewinnen (falls diese vorgesehen sind)

Das wäre doch geradezu fantastisch, nicht wahr?
Wäre das nicht ein Grund mehr für Sie, jetzt und auf der Stelle durchzustarten?

*Eigentlich schon, aber …*

Hm, ich verstehe, das allein reicht noch nicht. Nun, was wäre denn, wenn Sie

- sich einen Urlaub mit der Familie erarbeiten könnten, finanziert vom Network-Unternehmen?
- dank Network Marketing endlich Ihren Traumwagen zu Top-Konditionen fahren könnten?
- weit mehr als bisher die Haushaltskasse füllen könnten?
- sich finanziell womöglich sogar so gut aufstellen, dass Sie sich den Traum vom Eigenheim erfüllen können?
- nach Herzenslust shoppen gehen könnten, ohne jeden Cent x-mal umdrehen zu müssen?

*Das wäre toll!*

Ja, das wäre es, aber je nach Unternehmen ist dies längst nicht alles. Auf Sie können außerdem noch

- der Austausch und das Aufeinandertreffen mit gleichgesinnten/anderen Berater*innen
- pure Motivation
- Geld
- freie und flexible Arbeitszeiten
- ein außergewöhnliches Schulungsangebot
- der Aufbau eines eigenen Namens – Ruf
- ein eigenes Unternehmen
- Glück
- Zufriedenheit
- Unabhängigkeit
- Karriere- und Aufstiegschancen

warten.

*Echt jetzt?*

Aber ja, das alles ist möglich. Klingt doch wohl spitzenmäßig, oder etwa nicht?

Sehr gut!
Gehe ich also recht in der Annahme, dass Sie angesichts weiterer toller und ultimativer Extras auch nicht Nein sagen würden?

*Wie, da geht noch mehr? Was denn?*

Um ehrlich zu sein: Ich weiß es nicht. Lassen Sie sich überraschen. Finden Sie es heraus. Fakt ist, dass ein jedes Unternehmen seine eigenen Vorstellungen und viele kreative Ideen hat. Nur so viel: Im Network Marketing mit Partyvertrieb werden Sie

- ein attraktives Neben- oder ein hauptberufliches Einkommen erzielen können
- Spaß und Freude im Umgang mit Menschen haben
- eine simple Selbstständigkeit haben, ohne dass Sie großes Eigenkapital benötigen
- ohne hohes Risiko selbstständig sein
- Geld, mehr Geld, ganz viel Geld verdienen können
- Anerkennung erhalten
- Ihr Selbstwertgefühl steigern
- mehr Ausstrahlung als je zuvor haben
- mehr Zeit für sich selbst haben, um die schönen Seiten des Lebens zu genießen
- einen Hauch Luxus erfahren, vielleicht auch mehr – wer weiß das schon …

*Das klingt wie ein Traum!*

Ja, das tut es. Im Network Marketing – ganz gleich ob mit oder ohne Partyvertrieb – werden Träume gelebt, geliebt und immer wieder erfüllt, auch jene, die bis dato verborgen schienen. Es wird förmlich eine Traumwelt erschaffen, die Sie erreichen können … wenn Sie nur wollen!

*Tatsächlich?*

Ja und nein. Ich gebe zu, dass sich die oben genannten Attribute wirklich gut lesen, dass sie sich verdammt lukrativ anhören und man sogleich ins Träumen gerät. Manchmal verleiten sie so sehr zum Träumen, dass man vor lauter Träumerei gar nicht mehr imstande ist, endlich anzufangen und somit Geld zu verdienen.
Einerseits ist das Genannte sicherlich als großartig zu bewerten, denn Sie entdecken Ihre Träume, andererseits ist es auch sehr bedauerlich. Denken Sie nur an all die Zeit, die Sie verträumt haben und in der Ihnen bares Geld verloren gegangen ist. Finden Sie das nicht auch ärgerlich?

Da stellt sich mir die Frage, weshalb Sie nicht schon längst im Network Marketing mit Partyvertrieb Ihre Chance ergriffen haben. Wie ich feststellen konnte, ist es möglich, sich mit nur wenigen Klicks, ein paar persönlichen Angaben und der Bestellung eines Starterpaketes binnen weniger Sekunden online zu registrieren.

Woran liegt es also, dass Sie noch nicht Teil eines der vielen hiesigen Network-Teams sind?
Trauen Sie sich so etwas etwa nicht zu?
Hegen Sie Zweifel an sich selbst?
Hat man Ihnen womöglich davon abgeraten?
Ist Ihnen etwas Negatives zu Ohren gekommen?
Suchen Sie verzweifelt nach dem Haar in der Suppe?
Oder scheut Sie der Gedanke an den ›Verkauf‹?

Nun, letztendlich ist es völlig gleichgültig, was der Grund für Ihre bisherige Zurückhaltung ist. Oft sind es Informationen, die fehlen, Fragen, die unbeantwortet bleiben, oder die eigene Skepsis. Und aus Erfahrung wissen Sie, dass es in manchen Situationen besser ist, auf die innere Stimme zu hören, zumal alle Unternehmen von sich behaupten, dass sie

- über das beste Vergütungsmodell verfügen
- die besten Produkte haben

- die attraktivsten Karrierechancen bieten

Doch wie können Sie herausfinden, ob das ultimative Angebot auch wirklich hält, was es verspricht?

*Gute Frage.*

Da Sie nicht nur einer selbstständigen Tätigkeit nachgehen, sondern Ihr eigenes Unternehmen – Ihre Selbstständigkeit – gründen, sollten Sie bereits vor Beginn wissen,

- wie hoch das Eigenkapital sein muss
- welche Risiken einzuplanen sind
- ob es eine finanzielle Unabhängigkeit oder die große Pleite werden wird
- welche einmaligen Kosten auf Sie zukommen
- welche laufenden Kosten anfallen
- wo die Gefahren lauern
- worauf Sie achten sollten
- wie Sie das passende Network-Unternehmen finden und für sich wählen
- usw.

*Gefahren? Risiken? Ach herrje!*

Ja, die gibt es natürlich. Kein Network Marketing – ganz gleich ob mit oder ohne Partyvertrieb – ist perfekt, und selbstverständlich gibt es in dem Bereich auch schwarze Schafe. Deshalb ist Vorsicht geboten. Und zwar nicht erst dann, wenn man in eine mögliche Falle getappt ist, sondern schon bevor man sich dazu entschließt, mit dem Geschäft zu beginnen.

Ich empfinde es als lobenswert, dass Sie meinen Titel in Ihren Händen halten und sich mit der Thematik bereits im Vorfeld vertraut machen. Gäbe es mehr Menschen, die sich vor Beginn ihrer selbstständigen Tätigkeit mit dem Network Marketing und dem dazugehörigen Partyvertrieb auseinandersetzen, würde es mehr erfolgreiche und zufriedene Menschen geben und kaum jemand müsste am Ende feststellen, dass

- das Geschäft doch nicht so lukrativ ist wie angepriesen oder angenommen
- man letztendlich umsonst gearbeitet hat
- man draufzahlen muss
- man selbst sein bester Kunde ist

All das will niemand – auch Sie nicht – persönlich erfahren. Deshalb gilt, dass Sie das bevorzugte Unternehmen und die damit verbundene Tätigkeit auf Herz und Nieren prüfen, ehe Sie böse von der Realität überrascht werden.

*Nur wie?*

Das ist eine sehr gute Frage. Seien Sie versichert, dass ich Sie bei Ihrer Suche nach einer Antwort mit gezielten Fragen und Themen begleite. Am Ende treffen Sie für sich die klare Entscheidung:

**»Ja, das will ich!«**

oder:

**»Nein, das will ich nicht!«**

Sind Sie bereit?

Prima, dann nehmen Sie sich einen Stift zur Hand und beginnen mit der Frage:

# Was weiß ich?

Für welches Unternehmen interessieren Sie sich?

Weiter geht's: Welche Produkte dieses Unternehmens begeistern Sie? Warum?

Wie oft besuchen Sie Partys als Kundin/Kunde des Unternehmens?

Wie oft sind Sie selbst Gastgeber*in für dieses Unternehmen?

Wie sind Sie auf eine selbstständige Tätigkeit für dieses Unternehmen aufmerksam geworden?

Was sind Ihre Beweggründe, für das Unternehmen selbstständig tätig zu werden?

Was sind Ihre Beweggründe, für das Unternehmen selbstständig tätig zu werden?

Spielt für Sie der Verdienst eine Rolle?

Wie hoch ist Ihre Provision?

Hat man Ihnen das Vergütungsmodell vorgestellt?

Haben Sie dieses Vergütungsmodell verstanden?

___ Ja ___ Nein ___ Das weiß ich nicht.

Hat man Ihnen nur mündlich Auskunft über die Tätigkeit, die Allgemeinen Geschäftsbedingungen, Richtlinien, Vertriebswege etc. gegeben oder haben Sie all dies in Papierform zum Verbleib bei Ihnen erhalten?

Wie werden die Produkte an die Endverbraucher vertrieben?

___ nur Partys ___ auch Online-Shop ___ nur Direktverkauf

___ auch Direktverkauf ___ Empfehlungsmarketing

___ Das weiß ich nicht.

Ist es erlaubt, Produkte auch außerhalb von Partys an die Endverbraucher zu verkaufen?

___ Ja ___ Nein ___ Das weiß ich nicht.

Welche Vertriebswege sind Ihnen untersagt?

Kennen Sie den Vergütungsplan bzw. das Vergütungsmodell?

___ Ja ___ Nein ___ Ich weiß es nicht.

Welche Fragen stellen Sie sich aktuell?

Welche Produkte interessieren Sie?

Welche Vorteile Sehen Sie, wenn Sie für dieses Unternehmen selbstständig werden?

Apropos Vorteile: Sind Ihnen die Vor- und Nachteile des Network Marketings bekannt?
Nicht? Oder doch?
Hm, letztendlich ist es auch völlig gleich, denn das ist der nächste Punkt, mit dem wir uns beschäftigen.

## Vorteile des Network Marketings mit Partyvertrieb

Lassen Sie uns gemeinsam die Vorteile des Network Marketings mit Partyvertrieb anschauen.

✔ **Geringe Gründungskosten* der eigenen Selbstständigkeit**

* Die Gründungskosten – neben dem Gewerbeschein und der bereits zu zahlenden Miete für Ihr Zuhause – sind die Starterpakete. Schon ab 25 Euro ist der Einstieg möglich! Eine Selbstständigkeit, die Sie ohne jegliche Kosten starten können, gibt es nicht!

✔ **Aktives Einkommen**

✔ **Passives Einkommen**

✔ **Direktes Einkommen**

✔ **Weiterbildungen*/Fortbildungen* & Trainings***

* Achtung! Einige Unternehmen bieten diese kostenfrei, andere kostenpflichtig an!

✓ **Flexible & selbstbestimmte Arbeitszeiten**

✓ **Selbstfindung**

✓ **Mehr Zeit für die Familie**

✓ **Mehr Zeit für sich selbst**

✓ **Freude & Spaß bei der Arbeit**

✓ **Interne Wettbewerbe*, Gewinne*, Belohnungssysteme**

* Ob es diese Art der Belohnungssysteme gibt, obliegt dem eigenen Ermessen des jeweiligen Unternehmens und ist nicht Vertragsbestandteil. Somit besteht keinerlei Anspruch auf diese Form der Motivationsunterstützung. Bei der Beratung Ihres Vertrauens können Sie erfragen, wie das Unternehmen, mit dem Sie liebäugeln, dies handhabt.

✓ **Flexible Arbeitsorte**

✓ **Schnelle & gestaffelte Karrierechancen***

* Ob und welche Karrierechancen möglich sind, hängt vom jeweiligen Unternehmen ab. Auch hier besteht keinerlei Anrecht auf eine Beförderung oder einen Titel. Erkundigen Sie sich bei der Beratung Ihres Vertrauens oder kontaktieren Sie das Unternehmen.

✓ **Flexible Arbeitsorte**

✓ **Rabatte/Prozente auf Eigenbestellungen**

✓ **Zufriedenheit**

✓ **Finanzielle Unabhängigkeit**

✓ **Tätigkeit kann online ebenso wie offline stattfinden**

✓ **Arbeiten im Homeoffice möglich**

✓ **Keine Lagerung der Produkte**

**Persönlichkeitsentwicklung**

**Für Einzelgänger*innen ebenfalls möglich**

**Marketing- und Verkaufskonzepte, die erprobt sind**

**Im Nebenberuf möglich und später auch als Hauptberuf umwandelbar**

Zusammenfassend betrachtet, bietet Ihnen das Network Marketing – ganz gleich ob mit oder ohne Partyvertrieb – 24 supertolle, lukrative und attraktive Attribute. Ob Sie diese bei einem Arbeitgeber mit Festanstellung finden werden? Ich bezweifle es. Belehren Sie mich gern eines Besseren! Kennen Sie einen Arbeitgeber, der es seinen Mitarbeiter*innen ermöglicht, ihr Einkommen selbst zu bestimmen? Einen, der seinem Team die Chance bietet, sich – sogar binnen weniger Monate beziehungsweise innerhalb eines Jahres – den Titel als Führungskraft zu erarbeiten oder gar den einer Vertriebsleitung? Vermutlich nicht. Gewiss verstehen Sie nun, weshalb das Network Marketing mit Partyvertrieb so beliebt ist. Ganz gleich, ob Sie in einer Partnerschaft leben oder beispielsweise alleinerziehend sind – Sie haben stets die Möglichkeit, Familie und Beruf unter einen Hut zu bringen, egal ob Sie Ihre Tätigkeit in Vollzeit ausüben oder sich mit geringerem Zeitaufwand etwas dazuverdienen. Das Beste daran ist, dass Sie allein entscheiden, wann, wie und wo Sie arbeiten und wie viel Zeit Sie in Ihr Geschäft – Ihr Business – investieren.

*Wow, das liest sich verlockend! Wo ist der Haken und welches sind die Nachteile?*

Eine berechtigte Frage, auf die ich nachfolgend eingehen werde. Selbstverständlich gibt es auch Nachteile im Network Marketing – hierbei spielt es ebenfalls keine Rolle, ob mit oder ohne Partyvertrieb.

## Nachteile des Network Marketings mit Partyvertrieb

Die Selbstständigkeit:
Sie haben keine bezahlten Urlaubstage. Auch Krankengeld gibt es für Sie nicht. An dieser Stelle sollten Sie Vorsorge treffen, die allerdings mit Kosten verbunden ist.

Die Abhängigkeit:
Dadurch, dass Sie sich einem Unternehmen anschließen, begeben Sie sich in eine Abhängigkeit. Kommt es beispielsweise zu Lieferengpässen – die Corona-Pandemie hat es deutlich gemacht –, kann es passieren, dass Sie die Bestellungen Ihrer Kunden nicht bedienen können.

Der Ruf:
Das Network Marketing hat generell nicht den besten Ruf und wird häufig als »unseriöses Geschäft« bezeichnet.

Der Direktvertrieb:
Dieser ist nicht für jedermann geeignet. Vor allem dann nicht, wenn man menschenscheu und am liebsten für sich allein ist.

Die Vergütungsmodelle:
Häufig sind die Vergütungsmodelle komplex. Werden diese zudem nicht verstanden, führt dieser Umstand zu barem Verlust & Frust.

Die Führungsqualität:
Nicht jeder verfügt über Führungsqualitäten. Wenn Sie zu dieser Sorte Mensch gehören, sind Sie selbst gefragt. Vieles ist nämlich erlernbar. Trainings und Coaches werden Sie dabei unterstützen, ein hohes Maß an Teamfähigkeit zu entwickeln.

Die Zeit:
Sie können zwar Ihre Arbeitszeit frei und flexibel bestimmen, dennoch sind bestimmte Zeiten vorgegeben. Schulungen, Trainings und Kunden haben nämlich ihren ganz eigenen Zeitplan. Zudem kann Präsenzpflicht bestehen. Dies bedeutet, Sie müssen die Orte, an denen Live-Events und Trainings stattfinden, gut erreichen können. Partys finden außerdem meist in den späten Nachmittags- oder in den Abendstunden statt, gegebenenfalls auch an Wochenenden. Das alles gilt es zu berücksichtigen, wenn Sie diese Art von Selbstständigkeit in Erwägung ziehen.

Falls Sie sich nun denken: *Puh, das ist aber eine ganze Menge!*, stimme ich Ihnen zu, obwohl es gerade einmal 7 Nachteile sind, die ich aufgeführt habe. Jedoch wird schnell klar, dass man sich seiner eigenen Verantwortung ebenso wie der gegenüber dem gewählten Unternehmen bewusst sein sollte.

Nehmen Sie sich einen Moment Zeit und beantworten sich selbst die Frage: Können Sie mindestens 4 bis 12 Stunden einplanen? Wenn ja, wöchentlich oder monatlich? Treten Sie gerne mit Menschen – auch mit Ihnen unbekannten/fremden Menschen – in Kontakt? Wollen Sie sich von einem Unternehmen abhängig machen? Tragen Sie nachfolgend Ihre Notizen ein:

## Welche Qualifikationen & Voraussetzungen müssen Sie mitbringen?

Eine gute und berechtigte Frage, die ich direkt an Sie weitergebe. Was, glauben Sie, sind die Voraussetzungen, um dieser selbstständigen Tätigkeit nachgehen zu können? Werden dafür Qualifikationen benötigt? Falls ja, welche?

# Network Marketing ist ...

grundsätzlich für jeden Menschen eine wirklich wunderbare sowie einfache Möglichkeit, sich unkompliziert und kostengünstig selbstständig zu machen, damit Geld verdient werden kann, und zwar ohne dass eine mehrjährige Ausbildung erforderlich ist. Auch benötigen Sie keinerlei Vertriebs- und Verkaufserfahrung, geschweige denn einen Masterabschluss oder Ähnliches. Alles, was Sie für einen Start in diese Art der Selbstständigkeit benötigen, ist der Wille, diesen Schritt zu gehen, das Wälzen und Verstehen der Vertragsunterlagen, die Sie von dem ausgewählten Unternehmen erhalten, und nicht zuletzt die absolute Überzeugung. Sie sollten von den Produkten, mit denen Sie zukünftig arbeiten werden, begeistert sein!

Das Wissen, das Sie benötigen, eignen Sie sich mittels Schulungen an. Darüber hinaus nutzen Sie die Produkte bestenfalls selbst und erfahren am eigenen Leib deren Vorteile.

Selbst für Einzelgänger*innen, die lieber allein arbeiten, ist ein Durchstarten möglich. Viele von ihnen jedoch stellen im späteren Verlauf – abhängig vom eigenen Erfolg – fest, dass sie mehr Möglichkeiten hätten und einen höheren Verdienst erzielen könnten, sobald sie damit beginnen, andere Menschen für die Tätigkeit zu begeistern und sich ein Team aufzubauen.

In jedem Fall ist es von Vorteil, wenn Sie die nachfolgenden Eigenschaften mitbringen:

➜ **Kommunikationsfreudigkeit**

➜ **Produktbegeisterung/Produktliebe**

- **Freude im Umgang mit Menschen**
- **Willen**
- **Zeit**
- **Lernbereitschaft**
- **kaufmännisches Denken**
- **Bewusstsein der eigenen Selbstständigkeit**
- **Verantwortung für sich selbst tragen**
- **Risiko einschätzen können**
- **Ziele**
- **Ehrlichkeit**

- **Zuverlässigkeit**
- **Eigenmotivation**
- **Präsentationsfreudigkeit**
- **Durchblick statt Tunnelblick**
- **Träume**
- **Verantwortung für Partner*innen übernehmen**
- **Disziplin**
- **Geduld**
- **positive Lebenseinstellung**
- **gute Charaktereigenschaften**

➜ **Kontinuität**

➜ **mindestens eine Handvoll Kontakte***

* Jeder Mensch verfügt über Kontakte, egal ob es sich dabei um den eigenen Freundeskreis, um Kolleginnen und Kollegen, Nachbarn, Bekannte oder beispielsweise Mitstreiter in Sportvereinen handelt. Diese Kontakte lassen sich demnach nutzen. Leben Sie jedoch absolut zurückgezogen und meiden den Kontakt zu Ihren Mitmenschen oder wollen mit Fremden nicht persönlich in Kontakt treten, könnte es für Sie schwer werden, im Network Marketing Fuß zu fassen. Einzig und allein über virtuelle Kontakte lässt sich ein solches Standbein kaum aufbauen, wenn auch der andere Weg nicht unmöglich ist. Zu diesem Thema beachten Sie bitte die Richtlinien des Unternehmens, für das Sie Interesse bekunden.

In der Annahme, dass auf Sie mit Sicherheit einige, wenn nicht sogar alle oben aufgezählten Eigenschaften zutreffen, gehen wir nun zum nächsten Thema über.

## Wie funktioniert Network Marketing mit Partyvertrieb?

Diese Frage gebe ich gleich an Sie weiter. Wissen Sie, wie das Network Marketing mit Partyvertrieb funktioniert? Haben Sie eine Vermutung? Machen Sie hier Ihre Notizen:

Ja, wie funktioniert Network Marketing eigentlich?

Da ist sie, meine Lieblingsfrage, von der sich so viele Beratungen wünschen, dass sie gestellt wird. Vergebens. Kaum hat man jemandem das Angebot unterbreitet, die selbstständige Tätigkeit aufzunehmen, folgt prompt eine Reaktion, die vielfältiger nicht sein könnte. Dabei kommt es zu amüsanten Momenten, denn von innerer Unruhe über kleine Panikattacken, Schnappatmung, vergessene Atmung oder aufsteigende Schamesröte bis hin zum Fluchtinstinkt ist alles dabei.

Liebe Leserin und lieber Leser, ich glaube, Sie kennen den Grund, oder?
Ganz richtig: Der Verkauf der Produkte löst etwas im Gesprächspartner aus. Prompt setzt bei ihm das ungute Bauchgefühl ein und nur wenig später kommt es zu den eben aufgezählten »Symptomen«.
Erstaunlich, oder?
Noch besser wird es, wenn der Angesprochene eine oder mehrere der folgenden Aussagen trifft:

*»Verkaufen? Ohne mich!«*
*»Klinkenputzen? Nein, danke.«*
*»Verkaufen kann ich aber nicht!«*
*»Verkaufen will ich nicht!«*
*»Oh, verkaufen! Ob das etwas für mich ist? Ich bezweifle das!«*
*»Ähm, ich kenne keine Leute.«*

Schmunzeln Sie gerade? Kommt Ihnen womöglich das ein oder andere bekannt vor?

Wie dem auch sei, das sind lediglich wiederkehrende und verblüffende ebenso wie amüsante Momente im Leben einer Beratung. Aber nicht nur das. Manche, denen das Geschäft angeboten wurde, saugen alles Wissenswerte geduldig in sich auf, nur um in den darauffolgenden Tagen, Wochen und Monaten alles genauestens zu analysieren, zu studieren, zu recherchieren und am Ende die ermittelten Fakten wild durcheinanderzuwirbeln, sodass es nur zu einem Ergebnis führen kann:

Das Network Marketing mit seinen drei Grundbausteinen ist ein völlig neues, komplexes, unseriöses, unbekanntes und nicht zu bewerkstelligendes Terrain, dem man lieber doch aus dem Weg gehen sollte.

*Lach, das war gut!*

Ja, ich weiß, einerseits ist es ulkig, andererseits aber auch eine traurige Tatsache. Dabei ist Ihre zukünftige Tätigkeit keine andere als jene, die Sie selbst schon unzählige Male praktiziert haben.

*Was? Wie kommt der darauf, so etwas zu behaupten?*

Ja, Sie haben ganz richtig gelesen. Sie haben das, was Network Marketing mit Partyvertrieb ausmacht, bereits mehrfach im alltäglichen Leben angewendet. Ganz sicher sogar. Und Sie werden es weiterhin tun – überall dort, wo es Ihnen gelegen kommt.

*Niemals! Das ist Quatsch.*

Sie können sich das nicht vorstellen? Super, dann werden die nachfolgenden Beispiele Sie vermutlich verblüffen.

**Beispiel 1:**

Sie waren bei Juwelier Köhler in der Innenstadt und haben sich ein traumhaftes Schmuckset gekauft.
Tage später begegnen Sie Ines, der Mutter vom Freund Ihres Sohnes, der das nicht unbemerkt bleibt. Sie macht Ihnen ein Kompliment und würde Ihnen den Schmuck am liebsten gleich abnehmen, um ihn selbst zu tragen. Natürlich haben Sie etwas dagegen. Was tun Sie also? Richtig, Sie erzählen Ines, dass Sie bei Juwelier Köhler in der Innenstadt eingekauft haben. Prima!
Nur wenige Tage später macht sich Ines auf den Weg in die Innenstadt und sucht besagten Juwelier auf. Auch sie wird fündig. Ines erwirbt eine Halskette sowie eine Armbanduhr im Wert von insgesamt 280 Euro.

Da Ines von der Kundenberatung und dem erstandenen Schmuck begeistert ist, empfiehlt sie anderen Menschen Juwelier Köhler nun auch selbst.

Ende

**Beispiel 2:**

Sie waren neulich auf einer »Sophie Mangold Cosmetic«-Party und haben sich die neue Anti-Aging-Creme gekauft, die daraufhin binnen kürzester Zeit Ihre Fältchen reduziert hat. Das Ergebnis gefällt Ihnen. Sie fühlen sich um Jahre jünger und genießen es, gut auszusehen – viel besser als vorher. Auch wirken Sie auf andere attraktiver als je zuvor und strahlen innere Zufriedenheit aus.

Was passiert? Ganz richtig: All dies wird nicht unbemerkt bleiben. Schon bald erhalten Sie Komplimente und werden nach dem Wundermittel gefragt, das Sie so verändert hat.

Um der Interessentin einen Namen zu geben, nennen wir sie Tina.

Sie erzählen Tina von der unkomplizierten Anwendung der Anti-Aging-Creme: einfach wie eine Tagescreme auftragen, einwirken lassen und wie gewohnt mit dem Make-up fortfahren.

Tina ist völlig aus dem Häuschen und fest entschlossen, diese Anti-Aging-Creme ebenfalls zu nutzen. Allerdings erfährt sie von Ihnen, dass es die Creme nicht im Einzelhandel zu erwerben gibt, sondern ausschließlich über den »Sophie Mangold Cosmetic«-Vertrieb. *Okay,* denkt sich Tina, *wenn das alles ist …* Sie lässt sich von Ihnen die Kontaktdaten der Vertriebspartnerin geben.

Bald darauf nimmt Tina den Kontakt zu Ulla, der Vertriebsleitung, auf. Von ihr wiederum erfährt sie, dass sie die Creme im Wert von 59,90 Euro sogar geschenkt bekommt, wenn sie sich bereit erklärt, Gastgeberin bei einer Kosmetikparty zu werden. Tina denkt nach. Wann bekommt man schon mal etwas geschenkt? Außerdem ist es doch schön, mit Freundinnen zusammen zu sein.

Tina sagt zu und vereinbart mit Ulla einen Termin. Nur zwei Wochen später sitzt Tina mit Freundinnen, Nachbarinnen und Bekannten in ihrem Esszimmer in geselliger Runde zusammen, während Ulla das Unternehmen, für das sie tätig ist, und dessen Produkte vorstellt. Und nicht nur das, sie präsentiert die Produkte auch und ermuntert die Gäste, sie an sich selbst auszuprobieren. Motivierend berichtet sie über ihre eigenen Erfahrungen, zeigt Vorher- und Nachher-Bilder. Schließlich erkundigt sie sich nach den Erfahrungen der Anwesenden. Tina und zwei weitere Damen haben ausschließlich Positives zu berichten.

Nach anderthalb Stunden ist die Präsentation vorbei. Tinas Gäste füllen jeweils einen Bestellschein aus, selbst diejenigen, die nichts bestellen möchten, denn auch sie erhalten ein Geschenk – in diesem Fall das Augen-Abschminktuch im Wert von 8 Euro.

Am Ende sammelt Ulla alle Bestellscheine ein, sieht sie kurz durch und fragt in die Runde, wer die nächste Gastgeberin sein wird. Zuerst will sich niemand festlegen. Ulla greift zu Trick 17 – dem Schminkkoffer im Wert von 140 Euro, prall gefüllt mit vielen neuen Produkten. »Mädels, diesen Schminkkoffer gibt es nicht zu kaufen!«, verrät sie. »Aber ich schenke ihn euch. Wer will ihn haben?«

Keine 30 Sekunden später wollen sowohl Tina als auch zwei ihrer Freundinnen ihn haben.

Perfekt!

Ulla klärt die Damen auf: »Diesen Koffer bekommt ihr, wenn wir in den kommenden 14 Tagen zusammen eine Party machen.«

Tina und ihre beiden Freundinnen stimmen zu, denn 140 Euro wollen sie für den Koffer nicht zahlen. Und davon mal abgesehen, wer lässt sich nicht gerne beschenken? Tina überlegt bereits, wen sie zu dem Abend einladen wird.

So steht am Ende dieses Tages ein Partyumsatz von 764,20 Euro auf dem Umschlag, den Ulla der Gastgeberin überreicht. Tina wird in den nächsten Tagen die Einzelbeträge bei den Bestellern einsammeln und Ulla den Gesamtbetrag in dem Umschlag übergeben. Zudem darf sich Tina weitere Produkte aus dem Sortiment als Geschenk aussuchen und erhält obendrein für jede Buchung einen Warengutschein im Wert von 25 Euro.

Der Abend hat sich gelohnt – für alle.

Allen voran für Ulla. Die erhält nämlich auf den Partyumsatz eine Provision in Höhe von 30 Prozent. Bei gerade einmal fünf Stunden Zeit, die sie in ihr Geschäft – ihre Selbstständigkeit – investiert hat, hat Ulla 229,26 Euro verdient. Das entspricht einem Stundenlohn von 45,85 Euro. Ulla ist glücklich. Zufriedenheit macht sich in ihr breit. Mit ihrer Empfehlung hat sie anderen Damen Produkte empfohlen und nicht nur einen guten Umsatz erzielt. Nein, sie hat aufgrund ihres Fleißes auch noch einen internen Wettbewerb gewonnen und fliegt demnächst für eine Woche nach Spanien, ohne auch nur einen Cent dafür zu bezahlen.

**Ende**

Liege ich richtig mit meiner Vermutung, dass Ihnen die beiden Beispiele mehr als bekannt vorkommen?

Perfekt!

Denken Sie nun an eine Party zurück, bei der Sie Gast oder Gastgeber*in waren. Erinnern Sie sich daran, wie die Beratung Ihnen die Produkte schmackhaft gemacht hat?

Beispiel A:

»So, meine Lieben, jetzt kommen wir zur ›Pimp my Skin‹-Creme, der Spitzen-Faltenreduzierungscreme für nur 69,90 Euro. Wer will sie haben?«

Oder Beispiel B:

»So, meine Lieben, jetzt kommen wir zu einem Produkt, das dazu geführt hat, dass viele von euch mich angesprochen haben. Ihr wolltet nämlich wissen, wie ich es geschafft habe, zehn Jahre jünger auszusehen. Vor allem aber, wie ich meine Falten nach und nach habe verschwinden lassen. Und hier ist es, das Wundermittel – die ›Pimp my Skin‹-Creme. Mit ihr – und ihr seht es selbst – habe ich es geschafft, endlich so jung auszusehen, wie ich mich fühle. Ist das nicht großartig? Doch überzeugt euch selbst (sie reicht die Creme in die Runde). Wer möchte die Creme hier und jetzt ausprobieren? Ich garantiere euch, dass ihr binnen weniger Minuten erste sichtbare Ergebnisse erzielen werdet!«

An dieser Stelle wüsste ich zu gerne, welche Antwortmöglichkeit Sie gewählt haben. Wobei bekannt ist, dass es tatsächlich Beratungen gibt, die die Vorgehensweise des Beispiels A bevorzugen. Ohne großes Tamtam wird auf Biegen und Brechen verkauft. Nur sollte die Frage nach dem »wie lange« und dem »wie viel« nicht gestellt werden. Mit dieser Strategie schaffen es nur wenige – wirklich sehr wenige – Beratungen, dauerhaft Geld zu verdienen. Darum sollte vielmehr das Beispiel B Anwendung finden. In diesem Beispiel wird nämlich nicht direkt, sondern indirekt verkauft. Unter Berücksichtigung des Empfehlungsmarketings findet die Präsentation – der indirekte Verkauf – statt.
Sollten Sie sich an dieser Stelle fragen, was unter Empfehlungsmarketing zu verstehen ist, so ist es Ihnen eventuell besser als Mund-zu-Mund-Propaganda bekannt.

Empfehlungsmarketing hat den Effekt, dass es

- Ihnen guttut

- Ihnen ein Lächeln ins Gesicht zaubert
- Sie besser fühlen lässt
- Ihnen weiterhilft
- Ihnen gefällt
- sich positiv auf Sie selbst auswirkt
- Sie weiterbringt
- Ihnen Zeit erspart
- Ihnen Dinge erleichtert
- für mehr Aufmerksamkeit sorgt
- Sie attraktiver denn je erscheinen lässt
- Ihre Pfunde purzeln lässt
- dafür sorgt, dass Ihre Müdigkeit guter Laune weicht
- etc.

Und erst recht, dass man es Ihnen ansieht. Womöglich tragen Sie besonders schicke Garderobe, fahren ein neues Fahrzeug oder ziehen in ein größeres Haus um. Vielleicht ist es auch der neue Schmuck, den Sie tragen, das schmelzende Hüftgold und vieles mehr. All das, was Sie positiv stimmt, strahlen Sie natürlich aus. Damit bleibt es niemandem verborgen. Wohl aber sorgt diese Ausstrahlung für Erstaunen und/oder Interesse.

*Stimmt!*

Und jetzt mal Hand aufs Herz: Was haben Sie für all die Empfehlungen, die Sie bis dato ausgesprochen haben und von denen Sie wissen, dass die Angesprochenen ihnen nachgekommen sind, erhalten?

*Nichts!*

Genau das ist der Knackpunkt. Ganz gleich, ob Sie einen Metzger, eine Bäckerei, einen Supermarkt, ein Autohaus, einen Dienstleister oder Produkte namhafter Hersteller empfehlen – Sie gehen leer aus. Kein Dankeschön, keine Aufmerksamkeit, kein Gutschein, geschweige denn eine bestimmte Summe, die Ihrem Konto gutgeschrieben wird. Von

Rabatten mag ich gar nicht erst anfangen, denn diese gibt es nur zu Aktionszeiträumen oder mit Coupon.

*Stimmt.*

Das passiert Ihnen im Network Marketing mit Partyvertrieb nicht. Hier wird Ihr Fleiß – Ihre Empfehlung bei erfolgreichem Verkauf/ Kauf – entlohnt. Schnell lassen sich bis zu tausend Euro verdienen – ganz nebenbei.
Und wie genial und einfach ist es, wenn Sie, wie im Beispiel der Faltencreme, sagen können: »Die kannst du nicht im Einzelhandel kaufen, aber bei mir!«
Und wenn Sie sich einen Urlaub erarbeitet haben und von diesem berichten, werden andere Menschen Sie beneiden.
All das sorgt für erstaunte Blicke und löst etwas aus. Mit großer Wahrscheinlichkeit wird die Person, mit der Sie Kontakt hatten, anderen erzählen, was Sie machen.
Das ist fantastisch!

Das könnte Ihnen nicht nur viel Geld für Werbung ersparen (falls erlaubt), sondern führt womöglich zu neuen Kundenkreisen – Kontakten –, die in Geld nicht zu beziffern sind.
Das ist einfach großartig! Aus diesem Grunde verabschieden Sie sich bitte von dem Gedanken, Produkte verkaufen zu müssen. Wie in vielen Dingen des Lebens spielt allein der Gedanke, etwas zu »müssen«, eine bedeutsame, vor allem aber negative Rolle. Statt Sie anzutreiben, zu animieren und zu motivieren, sorgt es für Druck und Demotivation, die sich, wie eingangs erwähnt, bereits bei der Unterbreitung der selbstständigen Tätigkeit aufbauen. Es wird nämlich nur der reine Verkauf der tollen, legendären und nicht im Einzelhandel erhältlichen Produkte gesehen, nicht aber, was wirklich dahintersteckt. Und das ist neben der Produktbegeisterung – wenn nicht sogar Produktliebe – das nicht zu verachtende Einkommen, das sich erzielen lässt. Deshalb halten Sie sich stets vor Augen:

***»Ein Verkäufer ist nur gut,***
***wenn er selbst von den Produkten überzeugt ist und***
***diese aus tiefster Überzeugung empfiehlt.«***

Wenn Sie dies beherzigen, steht Ihrem Geschäft – Ihrem Business – nichts mehr im Wege.

*Toll, das ist einfach. Das kann ich auch!*

Ja, das können Sie!
Eines sollte Ihnen allerdings bewusst sein: So einfach Ihnen dieses Business auch erscheint, so viel Arbeit wird es Ihnen bereiten. Denn um sich Ihr Geschäft aufzubauen, braucht es:

- eine Geschäftseröffnung
- Partys
- Kontakte
- Partys
- Neukundengewinnung
- Partys

Ganz nebenbei sollten Sie aktiv für sich werben und Akquise betreiben. Bekanntlich kommt von nichts nämlich <u>nichts</u>! Dazu bedarf es ein wenig Geduld, der praktischen Umsetzung und Fleiß.
All dies erfordert Zeit.

Auch werden Sie sämtliche Produkte des Sortiments nicht binnen zwei Stunden in- und auswendig kennen. Vielmehr erfahren Sie nach und nach deren Vorzüge. Zudem baut sich ein Team nicht über Nacht auf. Hier wird es erst im Laufe der Zeit – vermutlich nach vielen Absagen – dazu kommen, dass Sie Menschen für diese selbstständige Tätigkeit gewinnen können.
Und ich kann Ihnen versichern, dass eine Handvoll Mitstreiter nicht ausreicht, um sich langfristig ein Netzwerk aufzubauen und ein passives Einkommen zu generieren.

Zusammenfassend sei erwähnt, dass das Network Marketing aus drei Grundbausteinen besteht. Das sind:

- Direktvertrieb
- Empfehlungsmarketing
- Teamaufbau

> ***»Wer mit Freude anderen Menschen von den Produkten berichtet, der multipliziert sein Geschäft.«***

Wenn Sie diesen drei Grundbausteinen im Network Marketing nachgehen, werden sich Ihnen Verdienstmöglichkeiten eröffnen, die Ihnen bis heute verborgen geblieben sind.

> ***»Verdienen wird nur der, der sich bestens informiert.***
>
> ***Verdienst ist planbar, Verdienst spielt eine bedeutende Rolle, Verdienst ist das, was man vorab gut kalkuliert.«***

Apropos Verdienstmöglichkeiten: Gehen wir als Nächstes zum Thema »Vergütungsmodelle« über.

# Vergütungsmodelle & ihre Tücken

Geld macht bekanntlich glücklich. Es beschert Freiheit, Spontanität, Zufriedenheit und finanzielle Freiräume. Gleichwohl hören bei Geld Freundschaft & Liebe aber auch auf.
Was im Privatbereich gilt, sollte vor allem auf Ihre Selbstständigkeit – für Ihr Unternehmen – Anwendung finden. Und das möglichst, bevor Sie sich überhaupt dazu entschließen, diesen Weg zu gehen. Denn wenn eines feststeht: Sie wollen Geld verdienen und es nicht zum Fenster hinauswerfen, oder?

*Ja.*

Prima. Grundsätzlich haben Sie die Möglichkeit, Ihr Einkommen im Network Marketing – ganz gleich ob mit oder ohne Partyvertrieb – frei zu gestalten. Sie werden nach Leistung bezahlt. Das bedeutet: Wenn Sie nichts tun, verdienen Sie auch nichts! So weit, so klar.
Was aber im Network Marketing eine wahre Krux darstellt, sind die Vergütungsmodelle, die so manches Mal komplexer und unverständlicher nicht sein können.

Folgenschwer ist es, wenn Unternehmen die Vergütungsmodelle nicht öffentlich machen oder keine schriftlichen Unterlagen dazu an Interessenten und eigene Vertriebspartner herausgeben.

Ich widme diesem Thema bewusst ein eigenes Kapitel, denn hier werden Sie erfahren, was leider traurige Tatsache im Network Marketing ist, und auch, weshalb viele Menschen aus diesem Business ausscheiden oder daran scheitern. Schließlich erfahren Sie, weshalb der Ruf verschiedener Unternehmen negativ behaftet ist.
Meine Vorgehensweise mag unüblich sein, hingegen empfinde ich es als wichtig, dass Sie wissen, weshalb Sie sich mit dem Thema »Vergütungsmodelle« intensiv auseinandersetzen sollten.

Verdammt noch mal, Sie sind – oder werden – selbstständig, bauen sich Ihr eigenes kleines Unternehmen auf und wollen Geld verdienen. Da liegt es in Ihrer Verantwortung, sich mit den Zahlen – insbesondere mit den Verdienstmöglichkeiten – auseinanderzusetzen. Finden Sie nicht?

*Ich denke schon.*

Also lassen Sie sich das Vergütungsmodell des von Ihnen favorisierten Unternehmens aushändigen, sehen sich dieses in aller Ruhe an und verinnerlichen Sie es.
Wichtig ist, dass Sie die Stufen, die Karriereleitern oder die Geschäftstitel, die Sie erreichen können, verstehen.
Falls das nicht der Fall ist, haken Sie nach, selbst wenn Sie damit einer Beratung auf den Nerv gehen. Am Ende zählt nur eines: dass Sie die Risiken und die Gefahren, die das Vergütungsmodell mit sich bringt, abwägen können.
Wobei ich die Erfahrung gemacht habe, dass Beratungen sich nicht gern auf das Thema einlassen. Besonders dann nicht, wenn dem Vergütungsplan Bedingungen oder Voraussetzungen zugrunde liegen, die erfüllt sein müssen, damit man überhaupt provisionsberechtigt ist.

*Wie jetzt? Was bedeutet es, provisionsberechtigt zu sein?*

Ja, Sie haben richtig gelesen. Oftmals sind die Vergütungsmodelle so gestaltet, dass Sie nur dann einen Anspruch auf die Teamprovision haben, wenn Sie gewisse Bedingungen erfüllen. Dazu gehören:

- Mindestumsätze (Eigenumsatz)
- Mindest-Teamumsätze
- eine gewisse Anzahl aktiver Vertriebspartner
- eine Anzahl neu zu gewinnender Vertriebspartner
- manchmal auch alles zusammen

*Was? Das gibt es?*

Leider ja. Das Schlimme daran ist, dass die Beratungen oftmals die Bedingungen verschweigen. Stattdessen sagen sie mit einem Lächeln:

*»Ach, Geld spielt keine Rolle, der Spaß bei der Arbeit ist wichtig.«*

*»Fang erst mal an, und du wirst sehen, dass du schnell und bald mehr Geld verdienen wirst. Das ist ganz easy.«*

*»Du bekommst zwischen 5 und 25 Prozent auf deinen gesamten Teamumsatz.«*

Erschreckend.
Sicherlich ist es nachvollziehbar, dass Komplikationen oder Risiken verschwiegen werden, damit überhaupt jemand für das Geschäft gewonnen wird. Andererseits ist dieses Vorgehen fatal. Wie aus dem Nichts werden Sie wenig später – schwarz auf weiß – mit der Realität, Ihrer Provisionsabrechnung, konfrontiert, die für fassungslose Momente sorgt. Bittere Momente. Vor allem wenn Sie erkennen, dass die einst angenommene und selbst errechnete Provision nicht einmal annähernd identisch ist mit dem, was letztlich Ihrem Konto gutgeschrieben wurde.
Verwirrung.
Grübeln.
Ein ungutes Bauchgefühl.
Was bleibt, ist die Erkenntnis, dass man:

- nichts verdient hat
- draufzahlt
- Geld ins Geschäft mitbringen muss, um überhaupt verdienen zu können
- umsonst gearbeitet hat

Zudem wird man bei Rat- oder Hilfegesuchen relativ wenig unterstützt. Stattdessen wird einem unmissverständlich mitgeteilt:

*»Im Vergütungsplan steht doch, wann du wofür Provision erhältst.«*

Vielleicht haben Sie Glück, dass Ihnen wenigstens jetzt jemand dieses Vergütungsmodell erklärt. Stellt sich nur die Frage, ob Ihnen nach all dem Vorangegangenen Ihre Arbeit noch gefallen wird oder ob Ihre Euphorie in Windeseile schwindet.

In den meisten Fällen ist Letzteres der Fall, sodass die Konsequenz daraus die sofortige Beendigung der Vertriebspartnerschaft ist.
Einige steuern gleich das nächste Network-Unternehmen an, andere wiederum tun kund, was ihnen widerfahren ist. Dabei entstehen Gerüchte, die kein Unternehmen gerne in Erfahrung bringt. Schließlich haben diese Menschen, die negativ berichten, mit ihrer Unterschrift das aktuelle Vergütungsmodell des Unternehmens akzeptiert.
Fatal. So manches Unternehmen wird vorverurteilt, obwohl niemals selbst ein Blick auf oder hinter die Kulissen geworfen wurde.

Damit Ihnen so etwas möglichst erspart bleibt, stelle ich Ihnen die drei gängigsten Vergütungsmodelle vor, damit Sie diese verstehen lernen.

# Vergütungsmodell A

| | 1. Möglichkeit | 2. Möglichkeit |
|---|---|---|
| Beratung | 34 % | 34 % |
| Team-Beratung<br>persönlicher Eigenumsatz 750 Euro<br>+<br>mind. 2 aktive Beratungen<br>Teamumsatz 3.500 Euro<br>Eigenumsatz: 750 Euro | 34 %<br>+<br>3 % Teamprovision | 34 %<br>+<br>3 % |
| Team-Beratung Bronze<br>Anforderungen der Team-Beratung<br>+<br>1 aktive Förderung (Team-Beratung)<br>Teamumsatz: 5.000 Euro<br>Eigenumsatz: 1.250 Euro | 34 %<br>+<br>3 % Teamprovision | 34 %<br>+<br>3 % + 3 % |
| Team-Beratung Silber<br>Anforderungen der Team-Beratung<br>+<br>3 aktive Team-Beratungen<br>Teamumsatz: 9.000 Euro<br>Eigenumsatz: 2.100 Euro | 34 %<br>+<br>3 % Teamprovision | 34 %<br>+<br>3 % + 3 % + 3 % + 3 % |
| Team-Beratung Gold<br>Anforderungen der Team-Beratung<br>+<br>6 aktive Förderungen (Team-Beratung)<br>Teamumsatz: 18.000 Euro<br>Eigenumsatz: 2.800 Euro | 34 %<br>+<br>3 % Teamprovision | 34 %<br>+<br>3 % + 3 % + 3 % + 3 % + 3 % + 3 % + 3 % |

Dieses Vergütungsmodell sieht vor, dass alle Beratungen einheitlich 34 % Provision erhalten – abgesehen von Artikeln, für die eine andere Provision vorgesehen ist.

Mit der Annahme & Ernennung der Team-Beratung muss Ihr Team einen Gesamtumsatz von 3.500 Euro erreichen. Sie selbst benötigen davon 750 Euro persönlichen und provisionsfähigen Eigenumsatz. Die restlichen 2.750 Euro müssen von zwei aktiven Beratungen erreicht werden.
Erst wenn alle genannten Anforderungen erfüllt sind, gelten Sie als provisionsberechtigt und erhalten die Teamprovision in Höhe von 3 Prozent.

**Team-Beratung Bronze** setzt voraus, dass Sie sich selbst mit der Anforderung an eine Team-Beratung qualifizieren. Ihr Eigenumsatz muss eine Höhe von mindestens 1.250 Euro erreichen. Zudem müssen Sie einen Vertriebspartner fördern.
Erst wenn diese geförderte Team-Beratung die Voraussetzung erfüllt hat, haben Sie einen Anspruch auf eine Teamprovision in Höhe von 3 Prozent.

**Team-Beratung Silber** setzt voraus, dass Sie sich selbst mit der Anforderung an eine Team-Beratung qualifizieren. Ihr persönlicher Eigenumsatz, den Sie erreichen müssen, beträgt 2.100 Euro. Zudem müssen Sie drei Vertriebspartner zur Team-Beratung fördern.
Nun wird es spannend, denn Sie haben viel Arbeit und werden vermutlich so manches Mal mitfiebern. Kein Wunder. Ihren Anspruch auf die Teamprovision in Höhe von 3 Prozent erzielen Sie erst, sobald alle drei Teams ihre Voraussetzungen erfüllen. Gelingt ihnen das nicht, werden Sie nicht honoriert und gehen leer aus.

**Team-Beratung Gold** setzt voraus, dass Sie sich selbst mit der Anforderung an eine Team-Beratung qualifizieren. Ihr persönlich zu erreichender Eigenumsatz beträgt nun 2.800 Euro. Zudem müssen Sie sechs Vertriebspartner fördern.
Erst wenn diese geförderte Team-Beratung die Voraussetzung erfüllt, haben Sie einen Anspruch auf eine Teamprovision in Höhe von 3 Prozent.

Doch was ist, wenn Sie selbst nicht die geforderten Eigenumsätze erreichen oder Ihre Teams den Mindestumsatz verfehlen?
Das ist eine berechtigte Frage. Im Beispiel des aufgezeigten Vergütungsmodells gehen Sie leer aus. Das bedeutet, dass Sie ›kostenlos‹ arbeiten.
Eine mögliche Alternative kann aber auch sein (das legt das Unternehmen fest), dass Sie, wenn Sie zumindest das persönliche Ziel ebenso wie Teamziele erreichen, wenigstens für diejenigen Teams eine Provision erhalten, die ihr Teamziel ebenfalls erfolgreich erreicht haben.

Hier sollten Sie genauestens hinterfragen und um Ehrlichkeit bitten.
Auch sollten Sie sich Zeit nehmen und ausrechnen, was Sie verdienen können beziehungsweise was Sie im ungünstigsten Fall nicht verdienen.
Bedenken Sie in Ihrer Rechnung, dass Sie, wenn Sie den Gesamtumsatz betrachten, die Mehrwertsteuer rausrechnen, da diese nicht vergütet wird.

Viel Spaß bei der Kalkulation!

Ihr Rechenbeispiel:

## Vergütungsmodell B

| Titel | Beratung | Team-Beratung | Team-Beratung Bronze |
|---|---|---|---|
| Eigenumsatz | 350 Euro | 750 Euro | 750 Euro |
| Provision | 20 % | 20 % | 25 % |
| 1. Ebene<br>Anzahl Vertriebspartner &<br>Provision | 0 | 4<br><br>6 % | 8<br><br>6 % |
| 2. Ebene<br>Anzahl Vertriebspartner* &<br>Provision | 0 | beliebig<br><br>4 % | 4<br><br>2 % |
| Aktive Team-Beratung | | | 1 |
| Monatliche Anzahl der Rekrutierungen** | | | 1 |
| Teamumsatz*** | | | 4.500 Euro |
| Pflichttraining**** | | | 1 |
| Einkaufsrabatte für die Beratung<br>Erforderlicher Mindestumsatz | 20 %<br><br>350 Euro | 25 %<br><br>750 Euro | 30 %<br><br>750 Euro |

* Ein Provisionsanspruch besteht nur, wenn der Vertriebspartner der 2. Ebene einen Mindestumsatz in Höhe von 350 Euro erreicht hat. Der Umsatz wird jedoch dem Teamumsatz angerechnet.

** Die Team-Beratung muss mindestens eine Rekrutierung im Monat schaffen. 3 x im Jahr kann sie einen Joker einsetzen, falls es ihr nicht gelingt.

*** Bei Nichterreichen des Teamumsatzes entfällt die Teamprovision.

**** Das Training muss besucht und eingetragen werden. Anderenfalls besteht keinerlei Anspruch auf Teamprovision.

Ähnlich wie im ersten Vergütungsmodell können Sie erkennen, dass auch hier sehr viele Voraussetzungen erfüllt sein müssen, um überhaupt einen

Anspruch auf bares Geld zu erhalten.
Hier entfallen die Teamprovisionen gänzlich, sobald nicht sämtliche Kriterien erfüllt werden.

Was viele für einen Top-Vergütungsplan halten, wird von anderen als Abzocke betrachtet.

Zu welchem Entschluss gelangen Sie, wenn Sie ein Beispiel errechnen?

Ihr Rechenbeispiel:

# Vergütungsmodell C

| | |
|---|---|
| Vertriebsleitung Star, Umsatz: 26.001–45.000 Euro | ≥ 52 % |
| Teamleitung Gold, Umsatz: 15.001–26.000 Euro | 46–50 % |
| Teamleitung Silber, Umsatz: 7.501–15.000 Euro | 40–45 % |
| Teamleitung Bronze, Umsatz: 4.001–7.500 Euro | 36–40 % |
| Beratung Star 5, Umsatz: 2.501–4.000 Euro | 35 % |
| Beratung Star 3, Umsatz: 1.501–2.500 Euro | 30 % |
| Beratung Star 2, Umsatz: 751–1.500 Euro | 25 % |
| Beratung Star, Umsatz: 501–750 Euro | 20 % |
| Beratung, Umsatz: bis 500 Euro | 15 % |

Dieses Vergütungsmodell findet sich im klassischen Strukturvertrieb.
Ihre Provisionsstufe erreichen Sie monatlich neu. Aufgrund einer durchschnittlichen Umsatzerrechnung, die alle 3 bis 6 Monate erfolgt, wird für Sie eine Mindestprovisionsstufe festgesetzt, sodass Sie nicht jedes Mal bei null anfangen.
Für die Umsatzermittlung zählt nur provisionsfähiger Umsatz. Keine Muster oder Ähnliches.
Auch kann es sein, dass Sets – also beispielsweise aktuellen Katalogangeboten – eine völlig andere Provisionsberechnung zugrunde liegt. Diese teilt Ihnen das von Ihnen gewählte Unternehmen mit, zumal es unterschiedliche Berechnungswege gibt.

Der in meinen Augen größte Vorteil besteht jedoch darin, dass Sie sich ein Team aufbauen und sich hier keine »harten Vorgaben« bieten lassen müssen. Denn bauen Sie sich ein Team auf, zählt dessen provisionsfähiger Umsatz mit zu Ihrem Gesamtumsatz.

Beispiel:

Sie selbst erreichen einen Umsatz in Höhe von 1.500 Euro.

VP* A: Umsatz = 750 Euro     VP B: Umsatz = 1.200 Euro

Zusammen mit Ihren beiden Vertriebspartnern können Sie einen Gesamtumsatz in Höhe von 3.450 Euro vorweisen. Das bedeutet, dass Sie für Ihren persönlichen Umsatz nun anstelle von 30 % sogar 35 % Provision erhalten. Zudem bekommen Sie für Ihre Vertriebspartner eine Differenzprovision. Diese errechnet sich von Ihrer aktuell erreichten Stufe bis zu der Ihrer Vertriebspartner. Im Falle des Beispiels würden Sie auf den Umsatz von Vertriebspartner A 15 % und auf den von Vertriebspartner B: 10 % erhalten.

* Vertriebspartner

Was würden Sie wohl verdienen, wenn Sie 10 aktive Vertriebspartner gewinnen, die jeweils nur 400 Euro Umsatz erzielen? Rechnen Sie selbst:

Ihr Rechenbeispiel:

Was würden Sie verdienen, wenn Sie 40 aktive Vertriebspartner gewinnen, von denen 10 jeweils 400 Euro, 16 jeweils 1.200 Euro, 10 jeweils 2.000 Euro und 4 jeweils 4.000 Euro Umsatz erzielen? Rechnen Sie es aus.

Ihr Rechenbeispiel:

Zusammenfassend lässt sich sagen – in diesem Falle schreiben –, dass Sie als selbstständige Beratung auf jeden Fall Geld verdienen können.

Sobald Sie sich ein Team aufbauen, wird es zwar für Sie etwas arbeitsintensiver, manches Mal vielleicht auch recht sportlich, dennoch ist es möglich, sich langfristig mittels eines aktiven Teams ein gutes passives Einkommen zu ermöglichen.
Allerdings sollten Sie dazu vorab wissen, wie das – vor allem unter welchen Voraussetzungen – möglich ist. Schließlich wollen Sie nicht umsonst arbeiten, oder?

In diesem Sinne wünsche ich Ihnen einen wirklich guten Start!

Apropos Start: Damit gehen wir zum nächsten Thema über:
**Starterpakete für Ihre Geschäftseröffnung**

# Starterpakete – die Geschäftsausstattung

**Das Starterpaket:**

Starterpakete sind eine tolle Einstiegsmöglichkeit in Ihr neues Business. Für gewöhnlich enthalten diese die gängigsten und beliebtesten Produkte.

Viele Menschen stellen sich die Frage, weshalb man ein solches Starterpaket benötigt oder überhaupt erwerben muss. Dabei ist die Antwort ganz klar:
Wie wollen Sie mit nichts präsentieren?
Eben drum! Das geht nicht.
Zudem agieren Sie als selbstständige Beratung und sind somit für Ihre Geschäftsausstattung selbst verantwortlich.
Allerdings ermöglichen die Unternehmen Ihnen einen günstigen Start mit bis zu 80 % – gelegentlich sogar 100 % – Ersparnis.

Ich empfehle Ihnen, sich den Inhalt dieser Starterpakete genau anzusehen. Sollten mehr Drucksachen (Kataloge etc.) enthalten sein als Produkte, würde ich mir zum einen Gedanken machen und zum anderen vermutlich ablehnen. Das ist nicht Sinn einer Geschäftsausstattung.

Apropos: Einige Unternehmen verpflichten neue Vertriebspartner*innen gerne zur Abnahme/zum Kauf eines Starterpakets. Ohne diesen Schritt ist nach deren Angaben kein Start möglich.
Das ist nicht verwerflich – im Gegenteil, Sie benötigen die Sachen für ein erfolgreiches Geschäft. Wichtiger ist es, dass es sich nicht um ein Abo handelt, der Kauf also einmalig ist.

**Kosten der Starterpakete:**

Starterpakete gibt es bei einigen Unternehmen in einer vorgegebenen Größe, bei anderen Unternehmen sind verschiedene Größen verfügbar. Hier werden diese oft als

| | |
|---|---|
| Quickstart | Bronze |
| XS | Silber |
| S | Gold |
| M | Platin |
| L | Mega-Paket |
| XL | Jubiläums-Paket |
| XXL | Large-Paket |

oder wie auch immer bezeichnet.

Die Kosten für ein Starterpaket bewegen sich zwischen 25 und 150 Euro, nicht selten sind dafür bis zu 499 Euro und mehr zu bezahlen. Der Wert des Inhaltes sollte erkennbar sein.

**Bezahlung des Starterpakets:**

Während Sie bei einigen Unternehmen den Kaufpreis gleich zahlen müssen, können Sie bei anderen Unternehmen oder Starterpaketgrößen den Kaufpreis in Raten zahlen.
Auch ermöglicht das Modell »Ratenzahlung«, die Hälfte der Provision, die Sie verdienen, mit den Kosten für das Starterpaket zu verrechnen. Sie erhalten dann nur die halbe Provision ausgezahlt.

**Aber Achtung!**
Die Voraussetzung für dieses Vorgehen ist oft eine einwandfreie Schufa-Auskunft. Können Sie mit dieser nicht aufwarten, so entfällt dieses Angebot womöglich.

Es gibt auch Unternehmen, die Ihnen eine sogenannte Stundung einräumen. Das bedeutet, dass Sie das Starterpaket zum Preis von beispielsweise 399,00 Euro bestellen. Doch anstatt dies zu bezahlen, erhalten Sie in den darauffolgenden 7 Monaten die Möglichkeit, einen Umsatz von 15.000 Euro zu erzielen. Gelingt Ihnen das, erlässt Ihnen womöglich das Unternehmen den Kaufpreis. Wenn nicht, erhalten Sie eine Rechnung über den vollen Betrag.

***Kleiner Tipp:***

Sollten Sie ein solches Angebot annehmen, empfehle ich Ihnen, monatlich von Ihrer Provision – beziehungsweise generell monatlich – einen bestimmten Betrag zur Seite zu legen, damit Sie am Ende nicht das Problem haben, diese Rechnung nicht begleichen zu können.
Falls das Unternehmen Ihnen anbietet, das Starterpaket abzuarbeiten oder es sich zu erarbeiten, Ihnen dieses aber erst aushändigt, sobald ein gewisser Umsatz generiert wurde, sollten Sie sich mit Ihrer Beratung/Führungskraft darüber unterhalten, wie Sie ohne irgendetwas in der Hand den Kunden von den Produkten überzeugen sollen. Eventuell können Sie sich Produkte leihen. Allerdings ist dies keine dauerhafte Lösung. Überlegen Sie sich daher, ob es nicht möglich ist, die Sachen selbst zu erwerben.

**Ich soll Geld investieren?**

Ja, das müssen Sie sogar. Im Grunde ist das auch logisch. Sie machen sich selbstständig – gründen Ihr eigenes Unternehmen – und benötigen Produkte, Drucksachen, Schulungen etc. Müssten Sie ein grundlegend neues Unternehmen alleine gründen, so würden weitaus mehr Kosten anfallen als in einem bestehenden Vertrieb, dessen Produkte Sie vertreiben wollen!

# Kleine Hinweise

***»Wer prüfet, ehe er die Bindung eingeht, ist gewiss, dass am Ende noch etwas für ihn übrig bleibt!«***

# Was für ein Angebot …

Partyberaterin Ursula liefert die Ware bei Gastgeberin Sybille aus. Gemeinsam sitzen die beiden Frauen in der Küche und trinken Kaffee.

Als Sybille Ursula den Umschlag mit dem eingesammelten Geld reicht, zählt die Beraterin den Betrag nach, legt den Umschlag beiseite und sieht die Gastgeberin mit einem Lächeln an.

»Mensch, Sybille, das war eine richtig tolle Party!«, sagt sie lobend, woraufhin Sybille ihr nickend zustimmt. »Und deine Unterstützung bei der Präsentation der Produkte war einfach klasse. Du bist eine geborene Beraterin!«

Erstaunt sieht Sybille Ursula an. Sie errötet schlagartig. Mit allem hat sie gerechnet, aber nicht mit einem solchen Kompliment.

»Dich würde ich so gerne in meinem Team haben. Gerade jetzt, wo das Weihnachtsgeschäft losgeht.«

Sybille lacht und schüttelt gleichzeitig den Kopf. »Das ist nichts für mich«, beteuert sie.

»Doch. Doch, Sybille! Stell dir mal vor …« Ursula greift nach den Geldscheinen, zählt 250,00 Euro ab und hält sie Sybille hin.

Diese stutzt, und ehe sie fragen kann, was das zu bedeuten hat, setzt Ursula fort: »Das ist die Provision für deine Party. Ich schenke sie dir, wenn du hier und jetzt zu mir ins Team kommst.«

Ende

## Was für ein Angebot!

Wie würden Sie sich entscheiden? Würden Sie das Angebot annehmen oder es lassen?

Ganz gleich, wie Ihre Entscheidung lautet: Die bare Geldmethode ist mittlerweile eine sehr beliebte Form der Vertriebspartnergewinnung. Kein Wunder, denn mit Geld können kleinere Wünsche erfüllt, kleinere Sorgen oder finanzielle Engpässe ausgeglichen werden. Doch nicht nur das: Geld ist zudem ein Mittel, mit dem man sich etwas gönnen, mit dem man etwas real werden lassen kann. Geld ist wie die Liebe: zum Greifen nah und trotzdem nicht antastbar. Zumindest nicht so, wie man es sich erhofft.
Beratungen nutzen diesen Köder nur zu gerne, da sie wissen, wie schnell ihr Gesprächspartner schockverliebt ist. Und glauben Sie mir, diese Beratungen fiebern mit Ihnen. Die Herzen schlagen wahre Purzelbäume, die Glückshormone jubeln nur so in Ihnen und lassen Sie alles in Ihrer Umgebung vergessen. Auch die Vernunft schaltet sich ab.

Super!

Ruck, zuck schreiben Sie sich als Vertriebspartner*in ein und legen los …
Manchmal mag es das Sprungbrett sein, vielmehr jedoch machen Sie eine Erfahrung. Fällt diese negativ aus, ist das Ergebnis ein Desaster, mit dem Sie sich lange herumärgern werden.
Darum nehmen Sie Abstand von derartigen Angeboten. Niemand hat etwas zu verschenken!

## Der Personalrabatt

Partyberaterin Ursula steht vor den Gästen im Wohnzimmer der Gastgeberin und verkündet am Ende der Präsentation, als sie die Bestellscheine durchgeht: »Wer von euch hätte denn gerne 30 Prozent Rabatt auf seine Bestellung?«
Es dauert nicht lange und drei Damen melden sich.
Nur eine, Petra, stellt die Frage: »Wie kommt man denn an die 30 Prozent?«
Ursula antwortet: »Ich schicke euch einen Link. Den klickt ihr an, macht eure Angaben, und schon könnt ihr die 30 Prozent nutzen.«
Petra ist skeptisch und nimmt Abstand von dem Angebot. Die anderen beiden Damen hingegen sind begeistert und überlegen gleich, welche Produkte sie als Nächstes einkaufen werden.

Ende

Das ist ein verlockendes Angebot!
Hat man Ihnen ein solches auch als Gast oder als Gastgeber*in einer Party gemacht?
Wie würden Sie entscheiden? Annehmen und Geld sparen oder dankend ablehnen und wie gewohnt bei der Beratung Ihres Vertrauens bestellen?

Macht Ihnen eine Beratung ein solches Angebot, seien Sie auf der Hut und haken Sie nach. Viele, die arglos an die Sache herangehen, sind in dem Glauben, dass sie sich als Kunde registrieren und – zack – ihren Rabatt erhalten. Von wegen! Plötzlich stellt sich heraus, dass sie gar nicht bestellen

können, wie sie wollen, oder aber die Prozente nicht freigegeben werden. Doch weshalb?
Tja, das liegt daran, dass man einen aktiven Status als Beratung benötigt beziehungsweise einen bestimmten Umsatz, um überhaupt sogenannte »Musterbestellungen« tätigen zu können. Erst dann folgt die Aufklärung den eigentlichen Rabatt betreffend.
Wie würden Sie das finden?
Vermutlich fänden Sie das ebenso unmöglich wie viele andere, die bereits auf diese Masche hereingefallen sind, oder?

Darum hinterfragen Sie die Voraussetzungen. Sollte sich das Gegenteil von dem herausstellen, was die Beratung Ihnen versprochen und zugesichert hat, ziehen Sie die Konsequenzen!

## Nur ein paar Angaben und Häkchen

Partyberaterin Ursula sitzt mit Sybille an ihrem Schreibtisch und öffnet das Internetportal des Unternehmens. Mit flinken Fingern huscht sie über die Tastatur und gibt schon mal ein paar Angaben über sich als Vertriebspartnerin ein. Denn Ursula ist Sybilles ›Sponsorin‹. Damit ihr die Provisionen, die sie für Sybilles Verkäufe erhält, zugeordnet werden können, sind diese Angaben unverzichtbar.

Erst als sie fertig ist, wendet sie sich Sybille zu. »So, meine Liebe«, sagt sie und macht Platz für die neue Teamkollegin. »Du musst nur eben ein paar Angaben zu deiner Person machen.« Sybille setzt sich an den Schreibtisch und füllt mit dem Einfinger-Suchsystem das geöffnete Formular aus. Am Ende gelangt sie zu einem Feld, in dem geschrieben steht:

»Hiermit stimme ich ausdrücklich

- den AGB
- den Richtlinien
- den Vertriebslinien
- dem Vergütungsmodell
- einem Bonitätscheck

zu.«

»Was bedeutet das?«, erkundigt sich Sybille, woraufhin Ursula antwortet: »Davon habe ich dir doch erzählt. Da geht es darum, wie hoch die Provision ist, wie viel Rabatt du bekommst, dass du nicht im Internet verkaufen darfst und so weiter.«

»Ah, okay.«

**Allgemeine Geschäftsbedingungen**

Über Allgemeine Geschäftsbedingungen verfügt jedes Unternehmen. Sie sollten diese ausführlich studieren, denn sie beinhalten wichtige Informationen.

**Der Bonitätscheck**

So, wie Versandhäuser die Bonität ihrer Kunden prüfen, tun dies auch Network-Marketing-Unternehmen bei ihren Vertriebspartner*innen. Dies ist also ein gewöhnlicher Vorgang.
Vertriebspartner*innen, die mit einem negativen Schufa-Eintrag aufwarten, werden nicht unbedingt ausgeschlossen, jedoch für gewöhnlich nur nach Vorkasse beliefert. An sich ist dies kein Problem, da Sie im Partyvertrieb das Geld der Kunden über den Gastgeber oder die Gastgeberin erhalten beziehungsweise die Kunden die bestellte Ware direkt bei Ihnen bezahlen.

**Vertriebs- und/oder Richtlinien**

Vertriebs- und/oder Richtlinien sind besonders wichtig für Sie. Hier steht meist im Kleingedruckten, welche Vertriebsformen zulässig sind – zum Beispiel Partyvertrieb oder Einzelverkauf. Aber auch, auf welchem Weg Sie die Produkte nicht anbieten dürfen. Ausgeschlossen ist bei fast allen Unternehmen der Verkauf der Produkte auf bekannten Verkaufsportalen. Auch dürfen die Produkte weder zum Einkaufspreis noch überhaupt unter dem Verkaufspreis weiterverkauft werden. Bei Zuwiderhandlung drohen die sofortige Abmahnung, Kündigung und gegebenenfalls eine saftige Geldstrafe, deren Höhe nicht selten in den Vertriebs- und Richtlinien festgelegt ist.

Falls Sie in diesem Schriftwerk einen Passus finden, in dem geschrieben steht, dass Sie ausschließlich über den Partyvertrieb Produkte verkaufen dürfen, ist Vorsicht geboten.

Stellen Sie sich in dem Fall die Frage, wie Sie mit Kunden verfahren, die bei Ihnen bestellen, aber keine Party buchen oder besuchen wollen. In vielen Bereichen wie beispielsweise Wellness- und Reinigungsprodukten wollen Kunden eben genau das: schnell mal nachkaufen.

Des Weiteren ist in den Richtlinien festgeschrieben, auf welche Art und Weise Sie werben dürfen. Oftmals sind Social-Media-Plattformen ausgeschlossen oder nur mit den vom Unternehmen vorgegebenen Bildern und Texten erlaubt. Nutzt man anderweitige Kanäle oder macht sich die Mühe, etwas Eigenes zu erstellen, kann dies zu Abmahnungen und zu hohen Konventionalstrafen führen.

**Geschenkeregelung**

Ein wichtiger Punkt ist auch die Geschenkeregelung, die Ihnen aufzeigt, unter welchen Voraussetzungen Sie die Geschenke für

- die Gäste
- den Gastgeber/die Gastgeberin einer Party

erwerben können.

In manchen Fällen gibt es einen prozentualen Spielraum, der vom Umsatz abhängig ist. Gelegentlich verlangen Unternehmen den Nachweis.
Doch nicht nur das.
Die Geschenkeregelung sollte außerdem deutlich machen, mit welchen Kosten Sie sich an den genannten Geschenken zu beteiligen haben.
Sind gewisse Gastgeschenke nur bei einer bestimmten Anzahl an Folgebuchungen (weiteren Partys) erlaubt, sollten Sie klären, was geschieht, falls diese Partys nicht innerhalb des vorgegebenen Zeitraums stattfinden oder gar ausfallen. Müssen Sie für den Gegenwert des Geschenks aufkommen oder ist es gleichgültig?

Möglicherweise finden monatlich, quartalsweise oder stichprobenartig Prüfungen statt. Und wenn Sie eine große Zahl an Geschenken gekauft haben, aber das Partyverhältnis nicht stimmt, könnte Ihnen Ihr Handeln in Form einer Nachberechnung teuer zu stehen kommen. Dabei stellt sich die Frage: Sind nur Sie dafür verantwortlich oder dürfen beziehungsweise müssen Sie den Kunden den Mehraufwand in Rechnung stellen?

Ein weiterer und nicht unbedeutender Punkt ist die Frage, ob Sie selbst als Gastgeber*in in Erscheinung treten dürfen. Bei einigen Unternehmen ist dies untersagt. Natürlich können Sie Ihre Familie und Freunde um Unterstützung bitten, jedoch kann ein solches Verbot durchaus hinderlich sein. Unter anderem, wenn es zu Durststrecken kommt – die sogenannte Partyflaute. Außerdem hindert es aktive Menschen daran, rasch Erfolge zu erzielen.

Wie Sie selbst lesen können, sind all die genannten Vertragsunterlagen wichtiger, als man annehmen könnte. Und Sie wollen doch sicherlich weder die Katze im Sack kaufen noch das finanzielle Desaster heraufbeschwören, oder? Versicherungs- und Kreditverträge unterschreiben Sie doch vermutlich auch nicht blind.

Lassen Sie sich alle Unterlagen, die mit Ihrer selbstständigen Tätigkeit als Beratung einhergehen, in Papier- oder Dateiform aushändigen. Nehmen Sie sich zudem ausreichend Zeit, diese Dokumente zu lesen und zu verinnerlichen.
Sollten Sie irgendetwas nicht verstehen, machen Sie sich Notizen. Vor allem aber scheuen Sie sich nicht, die Beratung Ihres Vertrauens oder das Unternehmen um eine Erklärung zu bitten. Nur das wird Sie letztendlich vor ungewünschten Überraschungen schützen.

Teilt man Ihnen mit, dass es keinerlei Unterlagen gibt, sollte Sie das stutzig machen. Über irgendeinen verbindlichen Vergütungsplan, ebenso wie Vertragsmodelle und AGB, verfügt jedes Unternehmen.
Lässt man Sie wissen, dass nur registrierte Vertriebspartner*innen Zugriff darauf erhalten, sollten Sie gründlich darüber nachdenken, was diese Vorgehensweise für Sie bedeuten könnte.

Ganz wichtig ist außerdem, dass Sie das Kleingedruckte in Augenschein nehmen. Hier finden sich meist noch weitere grundlegende Punkte – ganz klein und ziemlich gut versteckt.

Sybille hat gerade ihre erste erfolgreiche Party hinter sich gebracht. Für stolze 738,60 Euro wurden von 14 anwesenden Gästen Produkte bestellt.

»Wenn das mal nicht ein Grund zum Feiern ist!«, sagt sie sich und setzt sich gleich an den Laptop, um die Party anzulegen und die bestellten Produkte dem Warenkorb hinzuzufügen.

Am Ende kommen die 14 Gastgeschenke zu je 3,79 Euro, ein Partygeschenk für 9,80 Euro, ein Umsatzgeschenk für die 400-Euro-Stufe für 14,60 Euro sowie eines für die 750-Euro-Stufe zum Preis von 21,50 Euro hinzu. Alles zuzüglich Mehrwertsteuer, versteht sich.

Sybille schickt die Bestellung ab.

Zwei Tage später erhält sie die Bestätigung sowie die Rechnung. Der Betrag wird nach Erhalt des Paketes von ihrem Konto abgebucht. Sie schenkt der Rechnung keine Bedeutung.

Drei Tage, nachdem die Bestellung angekommen ist, liefert sie diese aus, sammelt das Geld ein und zahlt den Betrag auf ihr Konto ein.

Nur wenige Tage später trifft sie der Schlag, als sie in ihren Briefkasten schaut. Die Lastschrift konnte mangels Kontodeckung nicht eingelöst werden. Dabei entsprach die Einzahlung dem Partyumsatz.

Erst im Nachhinein stellt Sybille mithilfe ihrer Beratung fest, dass die anteiligen Kosten für Gastgeschenke, Partygeschenke und Umsatzstufengeschenke keine Berücksichtigung gefunden haben.

Sybille ist sauer. Sehr sauer. Schließlich wollte sie Geld verdienen und keins mitbringen. Außerdem wird sie jetzt nur noch per Vorkasse beliefert.

Am Ende rechnet sie sich aus, was sie verdient hat und wie hoch ihre Ausgaben waren. Dabei stellt sie fest, wie klein ihr Verdienst an diesem Partyabend war.

So kann es gehen.
Anteilige Kosten sind nicht verwerflich, können jedoch große Summen verschlingen. Das ist besonders dann unangenehm, wenn man keine finanziellen Reserven hat und sich ein Standbein aufbauen möchte.
Klären Sie im Vorfeld, ob Sie anteilige Kosten zu tragen haben beziehungsweise welche Kosten es sind, die auf Sie zukommen.

Auch sollte der Verdienst – Ihre Provision – im Verhältnis zu den Ausgaben stehen.
Nicht selten verdient nicht der Vertriebspartner an seinen Kunden, sondern das Unternehmen an seinen Vertriebspartnern.

Also Augen auf!

## Seminare und Meetings

»Wer ist beim Training dabei?«, erkundigt sich Ursula bei den Vertriebspartnerinnen ihres Teams, woraufhin sich nur sechs melden. Seltsam, denn das Team besteht aus mehr als siebzig Frauen.
Sybille denkt sich nichts dabei und meldet sich verbindlich an. Ursula schickt ihr kurz darauf die Anmeldung und Sybille bekommt einen Schock: Die Kosten für das »Stufe 1«-Seminar betragen 599 Euro.
Wo soll Sybille das Geld hernehmen? Sie ist davon ausgegangen, dass alles, wovon Ursula gesprochen hat, kostenfrei ist.

Informieren Sie sich vor Beginn Ihrer Vertriebspartnerschaft, ob und welche Kosten auf Sie zukommen.

Es ist nicht verwerflich, wenn Sie anteilig Gebühren für Seminare und Trainings zahlen müssen. Dennoch sollten sich diese im Rahmen halten. Interne Schulungen dürfen zwar, sollten aber kein Geld kosten. Dem Unternehmen sollte daran gelegen sein, dass Sie gefördert werden. Wobei hier zu unterscheiden ist, ob die Gebühren/Kostenbeteiligung für die Bewirtung gedacht ist oder ob damit ein Teil der Kosten für das Seminar beziehungsweise die Schulung abgedeckt werden soll.

# Kleiner Tipp

*»Eine kostenlose Selbstständigkeit gibt es nicht. Jedoch liegt es in der Verantwortung der Unternehmen – nicht zuletzt in der eigenen –, sich im Vorfeld zu informieren!«*

# Fragen, die Sie sich immer stellen sollten

*»Auf Herz und Nieren geprüft,*
*lässt eine vage Prognose zu.*
*Es zu lassen, bedeutet,*
*auf alles gefasst zu sein!«*

Für welches Unternehmen interessieren Sie sich?

Welche Produkte dieses Unternehmens begeistern Sie? Warum?

Wie oft sind Sie selbst Gastgeber*in für dieses Unternehmen?

Wie oft besuchen Sie Partys als Kundin/Kunde des Unternehmens?

Wie sind Sie auf eine selbstständige Tätigkeit für dieses Unternehmen aufmerksam geworden?

Was sind Ihre Beweggründe, für das Unternehmen selbstständig tätig zu werden?

Spielt in Ihren Augen der Verdienst eine Rolle?

Wie hoch ist Ihre Provision?

Hat man Ihnen das Vergütungsmodell gezeigt?

Haben Sie dieses Vergütungsmodell verstanden?

Hat man Ihnen nur mündlich Auskunft über die Tätigkeit, die Allgemeinen Geschäftsbedingungen, Richtlinien, Vertriebswege etc. erteilt oder hat man Ihnen das alles in Papierform zum Verbleib übergeben? Wie werden die Produkte an die Endverbraucher vertrieben?

Ist es erlaubt, Produkte außerhalb von Partys an die Endverbraucher zu verkaufen?

___ nur Partys ___ auch Online-Shop ___ nur Direktverkauf

___ auch Direktverkauf ___ Empfehlungsmarketing

___ Das weiß ich nicht.

Welche Vertriebswege sind Ihnen untersagt?

Kennen Sie den Vergütungsplan bzw. das Vergütungsmodell?

___ Ja ___ Nein ___ Ich weiß es nicht.

Wurde Ihnen das Vergütungsmodell ausgehändigt?

___ Ja ___ Nein

Verstehen Sie das Vergütungsmodell?

___ Ja ___ Nein ___ Das weiß ich nicht.

Hat die Beratung Ihres Vertrauens Ihnen das Vergütungsmodell verständlich erklärt?

___ Ja ___ Nein ___ Ich weiß es nicht.

Haben Sie hierzu Fragen? Wenn ja, welche?

___ Ja ___ Nein ___ Ich weiß es nicht.

Welche Fragen stellen Sie sich aktuell?

Welche Produkte interessieren Sie?

Wie lauten Ihre Ziele für die nächsten 6 Monate?

Wie lauten Ihre Ziele für die nächsten 24 Monate?

Wovon träumen Sie?

# Begriffe im Network Marketing

Bitte was für Dinger? Diese Frage stellen sich ganz viele Menschen, wenn sie mit Begriffen im Network Marketing konfrontiert werden, die sie nie zuvor gehört haben.

> ***»Network Marketing hat seine ganz eigene Sprache. Doch diese sollte man verstehen lernen, damit man am Ende nicht fragend dasteht!«***

Dazu gehören beispielsweise:

- Network Marketing
- Multi-Level-Marketing
- Direktvertrieb
- Empfehlungsmarketing
- Rekrutieren
- Vippen
- Networker*in
- Berater*in
- Verkaufsberater*in
- Partys

Für den Fall, dass Sie sich gerade dieselbe Frage stellen, gehe ich an dieser Stelle kurz auf die Erläuterung der einzelnen Begriffe ein. Doch zuvor nutzen Sie die Gelegenheit und schreiben Ihre Vermutung – vielleicht auch Ihr Wissen – in die dafür vorgesehenen Felder.

Was ist Network Marketing?

Was ist Multi-Level-Marketing?

Was ist Direktvertrieb?

Was ist Empfehlungsmarketing?

Was bedeutet Rekrutieren?

Was bedeutet Vippen?

Was sind Networker*innen?

Was sind Berater*innen?

Was sind Verkaufsberater*innen?

Was sind Partys?

Puh, das waren ganz schön viele Begriffe! Waren sie Ihnen alle bekannt? Schauen wir uns im Folgenden die Auflösung an.

## Network Marketing/Multi-Level-Marketing

Diese Begriffe sind identisch und unterscheiden sich später nur geringfügig. Im Network Marketing/Multi-Level-Marketing repräsentieren Sie nicht nur die Produkte und das Unternehmen, für das Sie arbeiten, sondern begeistern andere Menschen, es Ihnen gleichzutun. Sie werben also für die selbstständige Tätigkeit. Damit bauen Sie sich ein Team – ein Netzwerk – auf. Dies wiederum sorgt für ein passives Einkommen, das sich über mehrere Ebenen erstreckt.

## Direktvertrieb

Im Direktvertrieb werden über den sogenannten Vertriebspartner die Produkte des Unternehmens direkt an die Endverbraucher (Sie als Kunden) verkauft. Also der klassische 1:1-Verkauf.
Hinzu kommen die sogenannten Partys, bei denen mehreren eingeladenen Gästen in geselliger Runde die Produkte des gewählten Unternehmens präsentiert werden. Seit Fortschreiten der Corona-Pandemie besteht die Möglichkeit, Präsentationen sowohl für den Einzelverkauf als auch für den Partyverkauf online stattfinden zu lassen, und zwar per Chat oder Videokonferenz.

## Empfehlungsmarketing

Im Empfehlungsmarketing – ohne das kein Geschäft funktioniert – werben Sie für die Produkte, das Unternehmen und die selbstständige Tätigkeit.

## Rekrutieren/Vippen

Beide Begriffe stehen für das Anwerben und das Begeistern anderer Menschen, damit diese, ebenso wie Sie, Vertriebspartner*innen werden.

**Networker*in, Berater*in, Verkaufsberater*in**

Die Bezeichnung für Vertriebspartner*innen im Network Marketing mit Partyvertrieb ist je nach Unternehmen verschieden. Ob Partyberater*in, Verkaufstalent, Berater*in, Verkaufsberater*in oder Networker*in – hier gibt es keine Vorgabe. Jedoch trifft im Network Marketing mit Partyvertrieb die Bezeichnung der »Beratung« am ehesten zu. Sie spiegelt Ihre – künftige – Tätigkeit am treffendsten wider.

Wow! Simpel und mit wenigen Worten erklärt, klingen die Begriffe gar nicht mehr so spektakulär wie ursprünglich vermutet, oder?

# Zum Schluss …

Viele Unternehmen bieten tatsächlich eine richtig lukrative selbstständige Tätigkeit bzw. Vertriebspartnerschaft.

Ob und welches Unternehmen das richtige für Sie ist, das können Sie anhand der an Sie gerichteten Fragen selbst herausfinden.

Vertrauen Sie auf Ihr Bauchgefühl und starten Sie Ihre selbstständige Tätigkeit aus eigener Überzeugung und aus festem Willen.

Für Ihren Start in die Selbstständigkeit wünsche ich Ihnen alles erdenklich Gute sowie erfolgreiche Umsätze!

Auch würde ich mich freuen, wenn Sie mir ein Feedback zu meinem Titel zukommen lassen würden. Dieses dürfen Sie mir gerne an

**karriere.business@gmail.com**

senden.

Mit besten Grüßen,

Ferdinand Bekendorf

# Ferdinand Bekendorf

Lust auf mehr?

**Karriere, ich komme… Erfolgreich Vertriebspartner gewinnen**

**Karriere, ich komme… Führung ist Motivation ist Erfolg!**

**Karriere, ich komme… Partyflaute ade!**

Als Ringbuch, Paperback und E-Book erhältlich!

# Der Svensche Verlag

Wir gewähren all unseren Verlagsautor*innen die nachfolgenden Leistungen:

- garantierter Tantiemenvorschuss von bis zu 2.000 Euro
- faire Tantiemen ab 10 % je nach Genre
- Einkaufsrabatt für eigene Exemplare
- halbjährliche Tantiemenabrechnung
- langfristige Zusammenarbeit
- Veröffentlichung in den Ausgabeformaten Print, Hardcover, Ringbuch und E-Book
- mehrfache Publikationen in den unterschiedlichsten Qualitätsausführungen
- Aufnahmemöglichkeit in den Buchluxus-Sektor
- Lektorat & Korrektorat
- Grafikdesign
- Aufnahme in externe Buchvertriebe
- Marketing
- Listung über den VLB
- Autorenwebsite
- Fotoshooting
- Werbemittelpaket
- Schreibtraining und mehr
- angemessene Buchpreise
- Transparenz

Jetzt Manuskript einreichen!